Sitzungsberichte
der Akademie der Wissenschaften
der DDR
Mathematik – Naturwissenschaften – Technik

1 N

1986

Manfred Rätzsch

Entwicklungen auf dem Gebiet der organischen Hochpolymere

AKADEMIE-VERLAG · BERLIN

Sitzungsberichte
der Akademie der Wissenschaften
der DDR
Mathematik–Naturwissenschaften–Technik

Jahrgang 1986 · Nr. 1/N

Manfred Rätzsch

Entwicklungen auf dem Gebiet der organischen Hochpolymere

AKADEMIE-VERLAG · BERLIN
1986

Vortrag von Manfred Rätzsch, Ordentliches Mitglied der Akademie der Wissenschaften der DDR, gehalten in der wissenschaftlichen Sitzung des Plenums der AdW der DDR am 15. November 1984

Herausgegeben im Auftrage
des Präsidenten der Akademie
der Wissenschaften der DDR
von Vizepräsident Prof. Dr. Heinz Stiller

ISBN 3-05-500 009-9
ISSN 0138-3965
Erschienen im Akademie-Verlag, DDR-1086 Berlin, Leipziger Str. 3-4

Lizenznummer: 200 · 100/204/86
Printed in the German Democratic Republic
Gesamtherstellung: VEB Druckhaus Köthen
LSV 1275
Bestellnummer: 763 620 9 (2010/86/1/N)
00300

1. Einleitung

Vielfach wird heute in unserer Republik über den Rückgang der Bedeutung organischer hochpolymerer Werkstoffe auf Grund des zu erwartenden Rückganges der Erdölreserven der Welt gesprochen. Da organische hochpolymere Werkstoffe vorwiegend aus Kohlenstoff bestehen, wird geschlußfolgert, daß deshalb anorganischen und metallischen Werkstoffen der Vorzug gegeben werden müßte. Das ist so simplifizierend und fehlorientierend zugleich. Richtig ist, daß es weltweit zur Verknappung und Verteuerung der Energierohstoffe insgesamt gekommen ist. Und unter dem Gesichtspunkt des Energieverbrauchs sind organische polymere Werkstoffe bei ausgewählten Anwendungen den keramischen oder metallischen Werkstoffen vorzuziehen. Außerdem werden heute schon viele organische Werkstoffe aus Kohle als Kohlenstoffspender hergestellt.

Notwendig für unsere Volkswirtschaft ist eine proportionale Entwicklung von organisch polymeren, keramischen und metallischen Werkstoffen, und wie ich noch zeigen werde, die Entwicklung von Kombinationen dieser Werkstoffe. Vergleicht man einige Material- und ihre Bindungseigenschaften von organischen Polymeren mit denen der Metalle und keramischen Werkstoffe in der Tabelle nach van Krevelen[1], so wird die große Breite der Eigenschaften sichtbar, die jede „Konkurrenz" gegeneinander ausschließt. Klar ist, daß die vielen heute international innovationsbestimmenden Entwicklungen in den meisten Zweigen der Volkswirtschaft, von der Leichtindustrie, Land-, Wasser- und Luftfahrt über Mikroelektronik bis zur Medizin ohne die organischen Polymere nicht denkbar wären.

Notwendig für alle Werkstoff- und Wirkstoffentwicklungen erscheint mir, sich mehr mit dem Gebrauchswert neuer Erzeugnisse auseinanderzusetzen. Der Gebrauchswert eines Erzeugnisses wird bestimmt durch

– den Funktionswert und
– die Lebensdauer bzw. Gebrauchsdauer des Erzeugnisses.

In diesen Kategorien wird heute noch ungenügend gedacht. Sie bestimmen aber entscheidend die Effektivität der wissenschaftlich-technischen Arbeit.

Tab. 1: Einige Materialeigenschaften

Werkstoffe		Dichte ϱ (g/cm³)	Schmelzpunkt T_m(°C)	Modul E (GPa)	Härte Mohs	Energie d. Bindg. $kJMol^{-1}$
Makromolekulare Stoffe	Thermoplaste	1–1,5	100–200	1–3	0,5–1,5	V. d. Waals 10
	Duromere (vernetzt)	1–1,5	keinen (verkohlen > 360 °C)	3–5	1,5–2,5	H-Brücken 30–50
Metalle	„plastische“ Metalle	7–20 (Ausnahme Mg 1,75; Al 2,7)	200–1600	15–200	1,5–5	gefüllte d. Schale 100–500
	Refraktorische Metalle	6–25 (Ausnahme Ti 4,5)	1200–3400	100–500	4–7	ungefüllte d. Schale 400–1000
Anorganische Nichtmetalle	Silikatgläser	~ 2,5	700–1500	60–100	5–6	
	Refraktorische Nichtmetalle	2–4	1500–3800	100–2000	7–10	200–1000

2. Werkstoffentwicklung und -verarbeitung

Es wird auch international weiterhin eine progressive Entwicklung der Produktionskapazitäten geben – aber anders als das alle noch vor – aber auch viele noch nach den Ölpreiserhöhungen – prognostizierten. Diese „Ölkrise" war und ist nicht allein die Ursache, wie viele glauben machen wollen – sie war Anlaß nachzudenken und hat geholfen, Illusionen und Euphorien abzubauen und der gewachsenen Kraft der jungen Nationalstaaten Rechnung zu tragen.

Die Kapazitäten bei den großtonnagigen Polymeren werden vor allem in einigen Ölförderländern auf Grund deren billigerer Rohstoffpreise und in industriell fortgeschrittenen Ländern, die einen hohen Eigenbedarf haben und diesen noch nicht decken können, errichtet.

Die plasterzeugende und plastverarbeitende Industrie der industriell entwickelten Länder unternimmt aus diesen Gründen große Anstrengungen, das Sortiment an veredelten bzw. hochwertigen Plasten bzw. polymeren Veredlungsprodukten auszubauen, um bei gleichbleibendem bzw. sinkendem Rohstoff- und Energieverbrauch neue innovationsfördernde Produkte der weiterverarbeitenden Industrie zur Verfügung stellen zu können.

Hierzu wird ein erhebliches wissenschaftlich-technisches Potential eingesetzt und sowohl die Mikroelektronik, die moderne Feingeräteindustrie, die Raum- und Luftfahrt, aber auch mehr und mehr die Schiffs-, Transportanlagen-, Fahrzeugindustrie sowie moderne Informationsaufzeichnungsverfahren, die Pharmazie, Teile der Medizin bis zu Fragen des Umweltschutzes sind ohne moderne Polymerforschung nicht mehr zu bewältigen.

Der stärkste Wachstumsmotor ist die wissenschaftlich-technische Entwicklung und die dadurch erreichte Erweiterung der Einsatzgebiete. Die Entwicklung hat sich in den letzten Jahren beschleunigt und widerlegt die, die von Verlust an technischer Dynamik geredet haben.

Diese Anwendungsorientierung der Polymerforschung, mit Nutzung möglichst aller den Polymeren innewohnenden Möglichkeiten, ist ein Wesensmerkmal der gegenwärtigen Forschungszielstellung. Betrachten wir dementsprechend in Abb. 1 die Entwicklung 1978 bis 1982/83 bzw. mit darüber

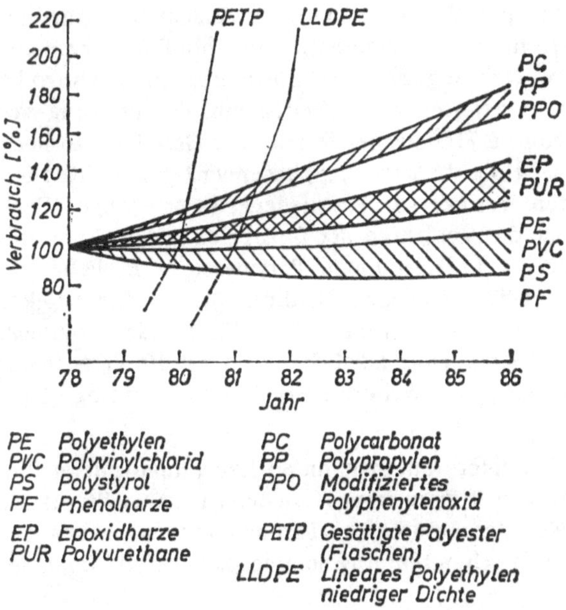

Abb. 1 Entwicklung des Kunststoffverbrauches in Westeuropa (Bezug: Verbrauch 1978 ≙ 100%)

hinaus gehenden Abschätzungen der Entwicklungen für Kunststoffe in Westeuropa[2], so zeigt sich ein Wachstum für PP, für alle hochmoduligen Thermoplaste und insbesondere für vernetzende Polymere wie PUR, PU- und Epoxidharze. Nicht dieser Entwicklung folgen dagegen PE, PVC und die qualitativ minderwertigeren FA-Polykondensate, obwohl mit den spritzgießfähigen Typen hochproduktive Verarbeitungstechniken möglich geworden sind.

Hinter diesen Entwicklungen und den Vorausschauen steht eine enorme Leistungssteigerung der Verarbeitungstechnik mit energiesparenden mikroprozessorgesteuerten Maschinensystemen im Baukastenprinzip.

Der weitere Fortschritt wird neben leistungsfähigeren, komplexen, den Anforderungen angepaßten Maschinensystemen von einer immer besseren Ausnutzung der Kombinationen der Polymere und mit anorganischen bzw. metallischen Werkstoffen bestimmt.

Bevor ich auf einige international interessante spezielle Stoff- d. h. Polymer- und dazugehörige Technologieentwicklungen eingehe, möchte ich einige Bemerkungen zu den grundsätzlichen Entwicklungstendenzen bei den Polymerwerkstoffen machen.

a) Polymere Werkstoffe aus neuen niedermolekularen Verbindungen spielen in den Gesamtkapazitäten keine Rolle mehr. Als kleintonnagige Polymere für spezielle hohe Ansprüche werden auch weiterhin neue aus Eigenschafts-Strukturzusammenhängen abgeleitete Spezialwerkstoffe entwickelt. Die wachsenden Kenntnisse der Zusammenhänge zwischen Struktur und Eigenschaften der Polymere haben in Kombination mit für Polymere neuen Technologien zur besseren Nutzung der den Polymeren innewohnenden Eigenschaften geführt. Dazu gehören die Arbeiten zur Orientierung von Polymeren, insbesondere von PE-HD aus der festen oder Gel-Phase zu hochmoduligen Fäden. Abb. 2 zeigt die theoretischen, gegenwärtig erreichten und als erreichbar eingeschätzten Festigkeiten verschiedener faserförmiger Werkstoffe. Weiterhin kann über die Verfahren der Spritzgieß-Preßreckung und der Festphasenumformung bei teilkristallinen Polymeren, z. B. POM, die 6fache Härteerhöhung und beim amorphen PC die 2–3fache Zugfestigkeit erreicht werden. Dabei sind Stauchungen bis auf ein Fünftel des Volumens der Ausgangsformlinge ohne Schädigung möglich. Bei PC ist die Verformung oberhalb $T_G \sim 160$ °C reversibel, was weitere neue Anwendungsmöglichkeiten zuläßt.

b) Neue Co- oder Multipolymere aus bekannten Bausteinen mit weiterentwickelten Katalysatoren u. a. führen immer wieder zu neuen Werkstoffqualitäten, so z. B. LLDPE oder St/AN/MSA-Terpolymere mit neuen den vorhandenen Polymeren in bestimmten Anwendungsparametern überlegenen Eigenschaften.

c) Verstärkte Polymere mit anorganischen metallischen und organischen Fasern, Blättchen oder sphärischen Materialien stellen eine wichtige Ent-

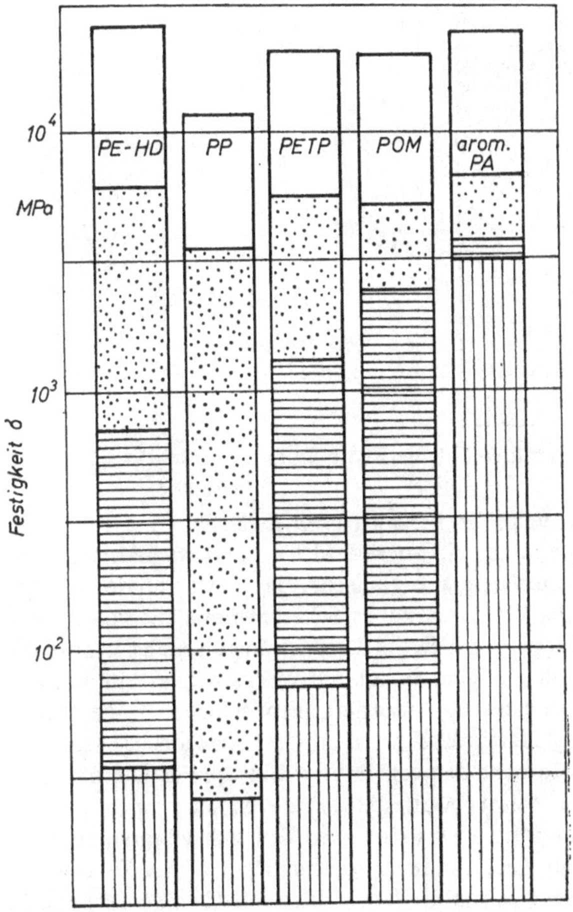

Abb. 2 Vergleich gegenwärtig genutzter ▥, erreichter ▤, erreichbarer ▒ und theoretischer ☐ Festigkeiten

wicklungstendenz dar. Diese Entwicklungsrichtung ist nicht neu, aber die erreichbaren Kennwerte sind bei weitem noch nicht ausgeschöpft. Unbefriedigend sind dabei – auch international – der Entwicklungsstand der theoretischen Grundlagen der Verbundbildung und die daraus abzuleitenden Schlußfolgerungen für die weitere Entwicklung dieses Gebietes. Die Erkenntnisse gelten gleichermaßen für die Thermoplast- als auch für die Duromer-Verstärkungen. Das qualitätsentscheidende Strukturelement derartiger Verbunde stellt die Grenzfläche dar. Betrachten wir in Abb. 3 das Modell eines Polymer-Verbundes nach Lipatov, so erkennen wir das Teilchen, die Polymermatrix, eine Zwischenschicht und gleich zwei Phasengrenzen, eine erste zwischen der anorganischen Phase und der organischen

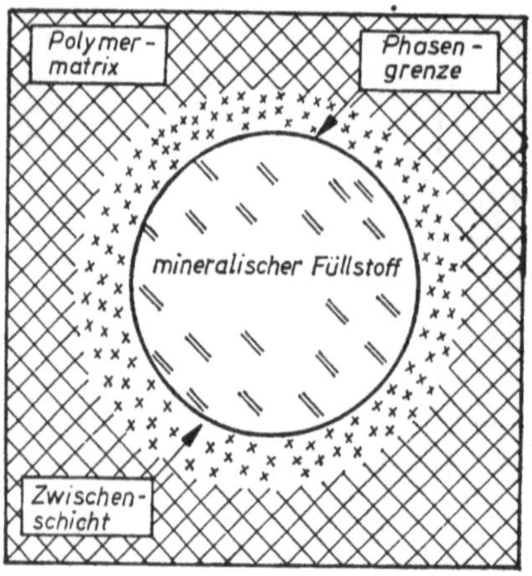

Abb. 3 Modell eines teilchengefüllten Polymers nach Lipatov

Zwischenschicht und eine zweite Grenzschicht von Zwischenschicht zur Matrix. Dieses Modell ist heute allgemein anerkannt. Die Zwischenschicht dient dem Spannungsabbau zwischen dem anorganischen Feststoff und der Matrix. Das ist insbesondere für das Erreichen hoher Schlagzähigkeiten von Bedeutung. Ihre Bedeutung ist unterschiedlich bei Thermoplasten und Duromeren, ist abhängig von den Anforderunngen, die an den Werkstoff gestellt werden.

Hohe mechanische und thermische Anforderungen erfordern eine stabile Zwischenschicht und hohe Haftkräfte an den Grenzflächen. Thermoplastische Verarbeitbarkeit erfordert demgegenüber, daß wenigstens an einer der Grenzflächen bei den Verarbeitungstemperaturen nur noch geringe Wechselwirkungen vorhanden sind. Das sind zum Teil sich widersprechende Forderungen, so daß genau aufeinander abgestimmte Haftkräfte gewählt werden müssen. Vorausgesetzt ist dabei immer eine vollständige Dispersität der anorganischen sphärischen Teilchen in der Größenordnung von 1 μm, was nicht leicht zu realisieren ist. Elementare Haftkräfte und Spannungen sind an den Grenzflächen nicht meßbar. Die makroskopischen Materialkennwerte, wie Festigkeit, Modul, Schlagzähigkeit, Dehnung u. a. sind auf Grund der Komplexität der Einflußgrößen nicht für mechanistische Interpretation einzusetzen. Aus diesem Grunde werden immer wieder indirekte Methoden für den Zusammenhang zwischen der Struktur und den makroskopischen Eigenschaften eingesetzt und weiterentwickelt. Die Mikroskopie, von der Lichtmikroskopie bis zur Rasterelektronenmikroskopie, von Schliff-, Mikrotom- und Bruchflächen nach Ätzung u. a. Vorbehandlungen gibt Aussagen über Dispersität, Grenzflächenhaftung und Kristallinitätsveränderung der Matrix an der Grenzfläche. Elektronenmikroskopische Untersuchungen in Abhängigkeit von Belastung und Zeit liefern Aussagen zum Ort der Rißbildung und der Rißausbreitung. Viskositäts- (Drehmoments-) und Temperaturverlauf in einer Schmelzemischung zeigt die Grenze der Aufnahmefähigkeit von anorganischen Komponenten in der Schmelze an und gibt indirekte Aussagen über Dispersität und Verträglichkeit. Analoge Aussagen bringt die sogenannte kritische Mischzeit, die Zeit bis zur Homogenität der Schmelze in einem normierten Mischer. Schubmodulmessungen und Viskositätsuntersuchungen in Modellösungsmitteln geben schon detailliertere Aussagen zum Einfluß von Modifizierungsmitteln auf die Oberflächenenergie; Messungen des ζ-Potentials und Sorptionsmessungen mit unterschiedlich polaren niedermolekularen Analoga der polymeren Sorbate können Auskunft über Wechselwirkungskräfte geben. Abb. 4 zeigt, daß zwischen einigen dieser Meßgrößen und dem makroskopischen Wert der Schlagzähigkeit Korrelationen erhalten werden, die die Richtigkeit der Vorgehensweise bestätigen.

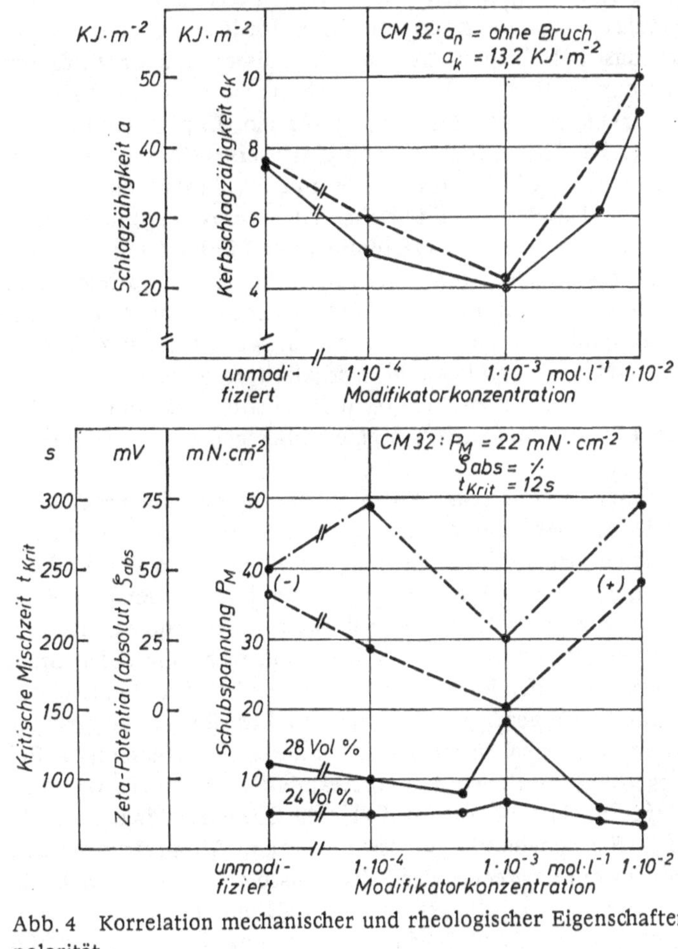

Abb. 4 Korrelation mechanischer und rheologischer Eigenschaften mit der Füllstoffpolarität

Dazu kommen spektroskopische Messungen der chemischen Struktur der Oberflächen und des Grades der Oberflächenbedeckung. So konnten wir zeigen, daß bei allen Verbunden der chemisorbierten Wasserschicht an der Oberfläche des anorganischen Verstärkungsmaterials eine entscheidende Rolle zukommt. Daraus erklärt sich auch die besondere Bedeutung siliciumorganischer Verbindungen zur Oberflächenmodifizierung von Glasfasern. Bei den Untersuchungen zur Oberflächenmodifizierung werden von uns deshalb sowohl niedermolekulare Tenside sowie Oligomere und Polymere, die einen niedrigen Modul besitzen, einbezogen. Auch eine partielle chemische Modifizierung der Matrix wird zur Modulerniedrigung und Haftverbesserung genutzt.

Von den verschiedenen Möglichkeiten werden sich letztlich die durchsetzen, die ökonomisch und mit geringstem zusätzlichen technischem Aufwand in die Praxis überführt werden können und die Anforderungen der Anwender erfüllen. Um das entscheiden zu können, müssen die erreichbaren Kennwerte der Verbunde, der zu ihrer Herstellung notwendige Aufwand und die Verarbeitbarkeit eingeschätzt werden können. Dem dienen unsere Forschungen. Theoretische Berechnungen von glasfaserverstärkten Thermoplasten haben gezeigt, daß die Zugfestigkeit[3] und der Modul[4] dieser Verbunde berechenbar sind und daß die Zähigkeit[5] dieses Verbundsystems einer Berechnung auf der Basis energiedissipativer Mechanismen zugänglich ist. Mit dem Einfasermodell unter Berücksichtigung des Sprödbruches der Matrix, der pull-out-Energie und der Aufreißenergie können die experimentellen Befunde qualitativ richtig beschrieben werden. Lauke konnte die Berechnungen auch auf das elastische Verhalten erweitern. Dazu sind weitere Untersuchungen zur Rißentstehung und -ausbreitung und eine Erweiterung des Modells auf Mehrfasersysteme mit gegenseitiger Beeinflussung notwendig.

Zum Erreichen hoher mechanischer Eigenschaften stehen die Faser-Polymermatrix-Verbunde an der Spitze. Der Grund, warum faserverstärkte Plastverbunde so erfolgreich sind, ist der, daß sich in so einem Verbund ein Bruch nie quer durch das ganze Material fortpflanzen kann. Jeder Übergang von Faser zu Faser stellt eine Fortpflanzungsblockade für Brüche dar. Es werden gegebenenfalls nur einzelne Fasern brechen, aber nicht alle auf einmal. Dabei nimmt die Festigkeit der Fasern mit abnehmendem Durchmesser zu, wie in Abb. 5 für Glasfasern gezeigt wird. Der Grund ist der immer geringer werdende Einfluß von Oberflächenfehlern und inneren Strukturfehlern. Bei den Fasern sind es Glas-, Kohlenstoff- und Aramid-Fasern sowie Whisker, wobei die Fasern für hochbeanspruchte Teile als Gewebe, Gewirke, Nähgewirke, Vliese u. a. Flächengebilde eingesetzt werden. Als Matrix werden Thermoplaste und Duromere verwendet. Mechanisch und thermisch hochbeanspruchte Teile, wie sie für die Raumfahrt und den Flugzeugbau eingesetzt werden, bestehen aus Faser-Flächengebilden und vernetzbaren Poly-

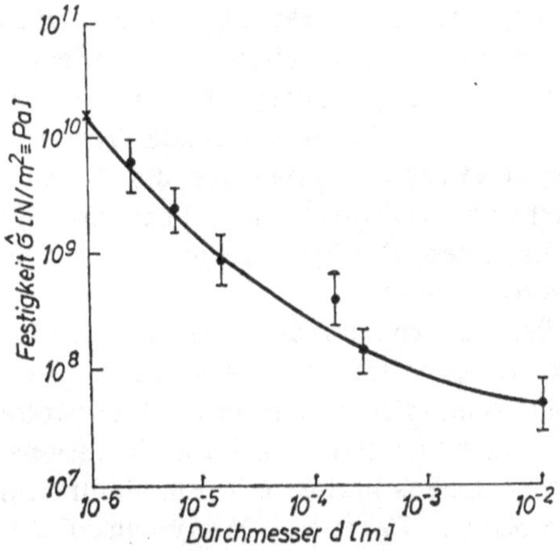

Abb. 5 Zugfestigkeit als Funktion des Durchmessers

meren, insbesondere den Duromeren, Epoxidharzen, wobei entsprechend der Beanspruchung eine Faserart oder sogenannte Hybrid-Fasermischgewebe und spezielle Harztypen eingesetzt werden. Der Produktwerdegang ist in Abb. 6 dargestellt. Dabei haben sich neue hochproduktive Technologien durchgesetzt. Mit neuen schnellhärtenden Harzen wurde das Pull-for-

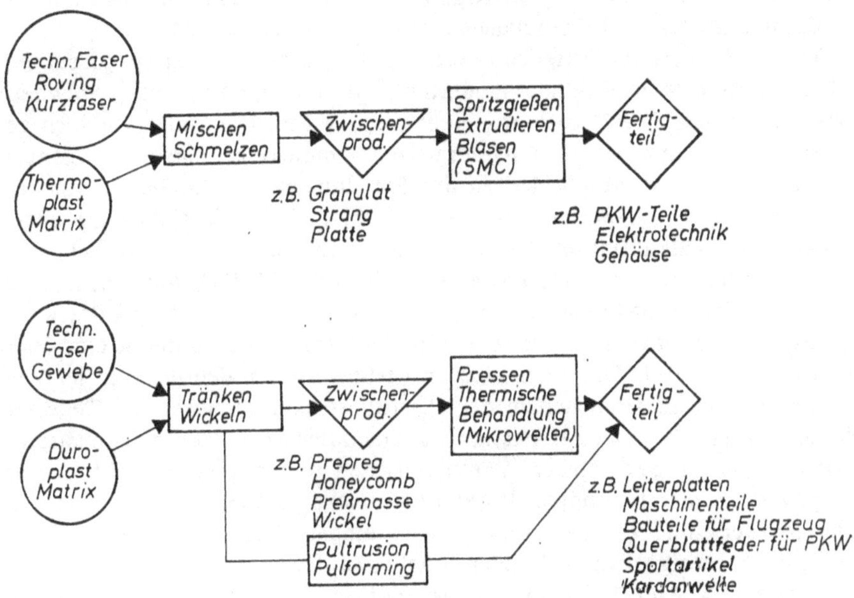

Abb. 6 Produktwerdegang von Werkstücken aus verstärkten Polymeren

ming-Verfahren von den Ausgangskomponenten direkt zur ausgehärteten Matte und der Einsatz von Wickelrobotern zur Herstellung von Bauteilen, deren Fasermenge und Lage den Beanspruchungen angepaßt sind, zur Produktionsreife entwickelt. Die Technologie der Glasmatten-Binder-Vorformlinge, die anschließend mit Duromeren getränkt werden und die Thermoplast-Glasmattenbeschichtung zu Mehrlagenverbunden sind neue produktive Technologien zu hohen Gebrauchswerten. Die Einbeziehung der mikroelektronischen Steuerung ist dabei unverkennbar.

Die Entwicklung derartiger Bauteile, die ökonomisch bestehen, ist in besonderem Maße eine interdisziplinäre Aufgabe für Materialwissenschaftler, Konstrukteure und Verarbeiter. Dabei konkurrieren diese neuen Werkstoffe heute auf Grund ihres niedrigen spezifischen Gewichtes, ihrer Korrosionsbeständigkeit und anderer spezifischer Eigenschaften mit Aluminium im Flugzeugbau, aber auch mit Stahl im Schiffs-, Fahrzeug-, Maschinen-, Landmaschinen-, Transportanlagen-, Chemieanlagenbau und in der Bauindustrie.

d) Eine entscheidende Entwicklungsrichtung stellen die Polymer-Polymer(PmPm)-Verbunde dar. Die meisten Polymere sind im Prinzip miteinander nicht homogen mischbar, d. h. unverträglich. Das ist die Chance für PmPm-Verbunde, indem diese so gestaltet werden, daß vorteilhafte Eigenschaften beider Komponenten wirksam oder neue Eigenschaften erreicht werden. Die Verbunde müssen möglichst einfach herstellbar, mit den bekannten Technologien verarbeitbar und verarbeitungsstabil sein. Dabei sind das Phasenverhalten, Scherkräfte, rheologisches Verhalten, Reaktionsgeschwindigkeiten und Grenzflächenvorgänge zu berücksichtigen.

Die PmPm-Verbundfestigkeit kann durch grenzflächenaktive coreaktive oder löslichkeitsvermittelnde niedermolekulare Oligomere und Polymere erreicht werden. Die Vernetzung einer dispers verteilten oder von sich gegenseitig durchdringenden Polymeren bzw. molekulare Strukturorganisationen sind weitere Möglichkeiten der Erzielung neuer stabiler PmPm-Verbundstrukturen. Ein Beispiel neuartiger PmPm-Verbunde stellen die durch dynamische Vulkanisation hergestellten Thermoelaste dar. Dabei wird beim Mischen eines Thermoplastes (z. B. PP oder PE-HD) mit einem Elast (z. B. EPTM) die Elastphase feindispers verteilt und vernetzt. Aus der Kombination verschiedener Thermoplaste und Elastomere resultieren eine Vielzahl von Produkten. Die Eigenschaften verbessern sich deutlich mit der Verkleinerung der Elastteilchen in der Plastphase und erreichen bei Teilchendurchmessern von 1–2 µm Festigkeits-/Dehnungswerte von vulkanisierten Allzweckkautschuken. Neben den chemischen und physikalisch-chemischen Fragen steht hier besonders das technologische Problem im Erreichen der Elastteilchengröße von ca. 1 µm. Es wird eingeschätzt, daß diese Produkte am ehesten geeignet sind, konventionelle Kautschuke durch Thermoelaste zu ersetzen – Abb. 7. Damit sind revolutionierende Vereinfachungen der Elastverarbeitungstechnologie, wie sie in Abb. 8 dargestellt sind, möglich.

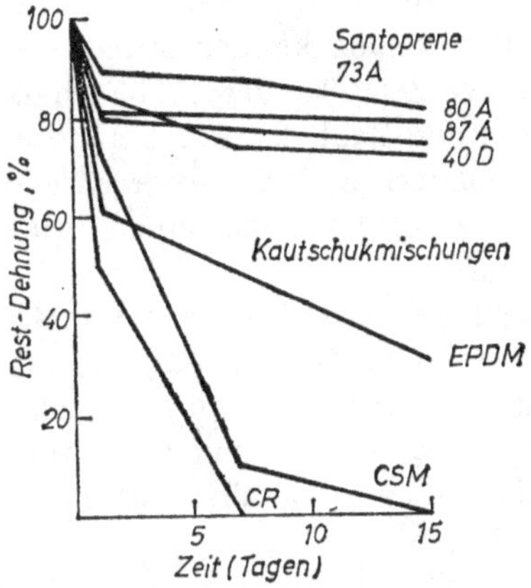

Abb. 7 Vergleich der Eigenschaften von vulkanisierten Kautschuktypen; Heißluftalterung bei 150 °C

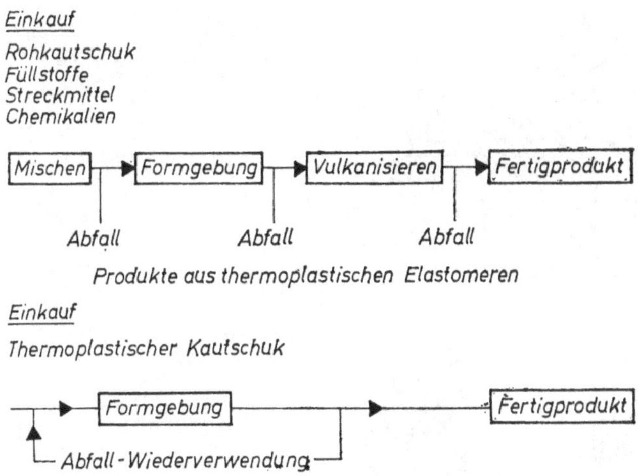

Abb. 8 Vergleich der Verarbeitungsschritte bei vulkanisierbaren und thermoplastischen Kautschuktypen

Ein weiteres Beispiel sind die sich gegenseitig durchdringenden Netzwerke (IPN). IPN, auch Polyamid 6,6 und ultrahochmolekulare vernetzte Polysilicone, das während der Polykondensation des PA 6,6 aufgebaut wird, führen zu einem Werkstoff mit erheblich verminderter Wasseraufnahme, Reduzierung der Verarbeitungsschwindung, besserer Entformbarkeit, besserer chemischer Beständigkeit und elastischer Rückstellung auch bei hohen Dehnungen. Spritzgußteile aus IPN zeigen trotz des vorhandenen Kristallisationsgrades ein isotropes Eigenschaftsbild, wie es von amorphen Thermoplasten her bekannt ist. Das erlaubt sehr enge Meßtoleranzen zur

Herstellung von Präzisionsteilen und bietet die Möglichkeiten der oben beschriebenen Hochdruckverformung. Außer Polyamiden können auch SAN, PC, PET, PBT und Polyurethane eingesetzt werden. Bei der IPN-Technik wird eingeschätzt, daß im Hinblick auf die große Zahl der Kombinationsmöglichkeiten von IPN-Thermoplasten, -Duroplasten und -Elastomeren und der Vielfalt der erreichbaren Eigenschaftsverbesserungen von einer neuen Kunststoff-Generation gesprochen werden kann[6].

Eine neue Entwicklungsrichtung der PmPm-Verbunde stellen die molekular verstärkten Verbunde dar. Ausgehend von dem Grundgedanken, daß mit Faserverstärkungen um so höhere Effekte erzielt werden, je größer das Längen- zu Durchmesser-Verhältnis erreicht werden kann, um so stärker die Grenzflächenhaftung und um so chemisch und physikalisch ähnlicher

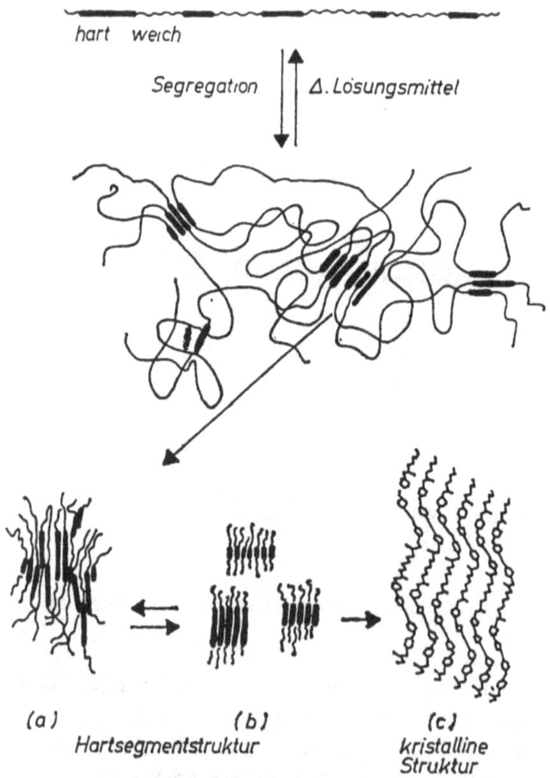

(a): Statistische Hartsegmentverteilung

(b): Fraktionierung nach entspr. Segmentlängen

(c): Kristalline Struktur nach BLACKWELL u.a.

Abb. 9 Schematische Darstellung der Strukturbereiche in molekular verstärkten Verbunden

sich Matrix und Verstärkungsmaterial sind, wurde der Gedanke geboren, steifkettige Sequenzen, d. h. Abschnitte einer Polymerenkette, wie Abb. 9 zeigt, selbst als Verstärkungs-„faser" zu nutzen. Dabei ist es vorteilhaft, wenn diese Sequenzen miteinander in Wechselwirkung treten und Aggregate bilden. Flüssigkristalline Polymere (LCP) bieten hierzu gegenwärtig die besten experimentellen Ansatzpunkte. Die bei den LCP auftretenden spontanen Orientierungen lassen sich bei geeigneter Wahl der LC-Komponenten durch elektrische oder magnetische Felder deutlich beeinflussen. Infolge dieser Eigenschaften eröffnen sich neue Wege zur Strömungsorientierung in der Schmelze sowie durch Erzeugung flächenartiger Formteile mit definierter Orientierung der Kettenmoleküle. Nun können solche LC-Sequenzen in Polymere eingebettet, in die Kette eines flexiblen Polymers eingebaut oder als Seitenketten an ein flexibles Rückgratpolymer angekoppelt werden. Das ist in Abb. 10 schematisch dargestellt. Für eine Verstärkungswirkung

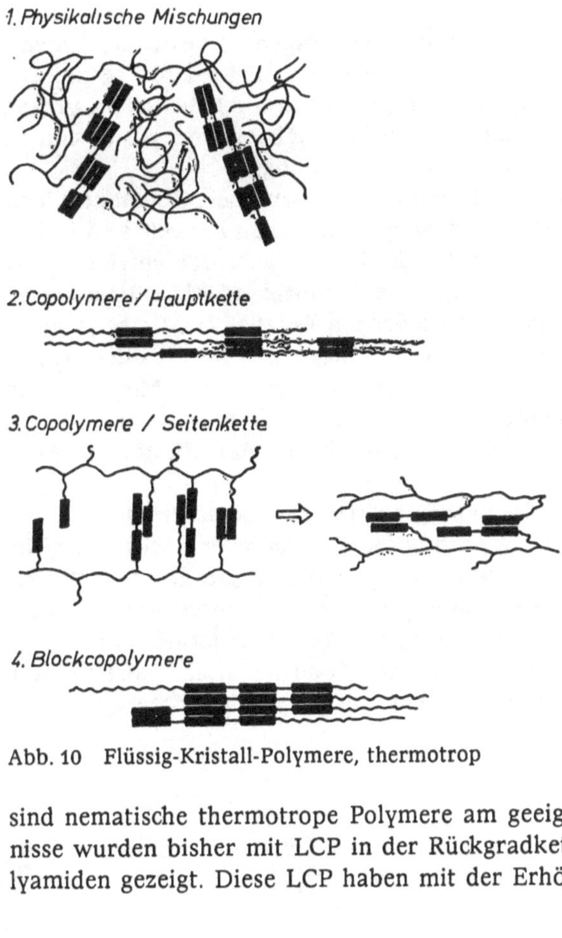

Abb. 10 Flüssig-Kristall-Polymere, thermotrop

sind nematische thermotrope Polymere am geeignetsten. Die besten Ergebnisse wurden bisher mit LCP in der Rückgradkette von Polyestern und Polyamiden gezeigt. Diese LCP haben mit der Erhöhung der Scherrate abnehmende Viskositäten der Schmelze, d. h. es existiert ein deutlich strukturviskoses Verhalten. Allerdings treten auch lange Relaxationszeiten bei der Verarbeitung auf. Mischungen von PA 6,6 mit nur 5% eines aromatischen PA zeigen eine Erhöhung der Zugfestigkeit, die der mit 30% gekoppelter Glasfaser entspricht. Es ist offensichtlich, daß sich auf dieser Basis neue Wege zur Anwendung sich selbst verstärkender polymerer Werkstoffe ergeben. Diese Möglichkeiten auszuschöpfen und praxiswirksam zu machen, ist eine wissenschaftlich außerordentlich reizvolle und volkswirtschaftlich bedeutungsvolle Aufgabe. Am Schluß dieser beispielhaften Darstellung ist folgende Aussage wesentlich: Die eingeschlagenen neuen Wege basieren auf der Grundlage fundierter wissenschaftlicher Erkenntnisse. Sie werden in immer stärkerem Maße Schlüssel zum Erfolg sein.

3. Stabilisieren und Wiederverwenden

In der Medizin gibt es den Grundsatz: „Vorbeugen ist besser als heilen", den wir auf die Polymere übertragen modifizieren können zu: „Stabilisieren ist besser als neu produzieren". Nun haben sich die Lebenserwartungen der Menschen und der polymeren Werkstoffe erhöht. Beides gilt es nun zu stabilisieren in Richtung einer sinnvollen Entwicklung.

Die sinnvolle Erhöhung der Lebenserwartungen bei Gesundheit und Nützlichkeit für die Gesellschaft mit Freude am Leben ist weit schwieriger und komplizierter als unsere Aufgabe, die Lebensdauer der Polymere dort zu erhöhen, wo ihr Einsatz eine vieljährige Stabilität erfordert. Hier stehen wir, so glaube ich, heute noch oder wieder am Anfang. Zwar gibt es interessante Fortschritte, wie z. B. neue UV-Stabilisatoren sowie bei der Stabilisatorfixierung – aber hier sind die theoretisch denkbaren Möglichkeiten bei weitem nicht ausgeschöpft. Es fehlt aber nach meiner Ansicht ‚ein grundlegendes theoretisches Konzept' – das ist eine Aufgabe für das Morgen!

Gut entwickelt sind die gegenwärtig erarbeiteten Konzeptionen für die Wiederverwendung von Polymeren bzw. stoff- oder energiewirtschaftliche Nutzung in den Fällen, wo die Anwendung zeitlich begrenzt ist (z. B. Verpackung). Neue Werkstoffe bzw. Modifizierungen für diese werden heute auch unter diesen Gesichtspunkten ausgewählt. Ein Laboratorium für die Charakterisierung von Polymeren kann den Grad der Schädigung und die weiteren Verwendungsmöglichkeiten heute unschwer einschätzen.

4. Vom Werkstoff zum Wirkstoff

Neben den Anwendungen der Polymere als Werkstoffe werden sie auf Grund ihres großen Produkte- und Eigenschaftsspektrums in nahezu allen

Zweigen der Volkswirtschaft eingesetzt. Ich verstehe darunter die so differierenden Anwendungsgebiete wie in der Mikroelektronik als und für Lichtleitkabel, als Flockungsmittel für Trennprozesse, als Korrosionsschutzmittel, Klebstoffe und als Bildaufzeichnungsmaterialien, in der Medizin und die so zukunftsträchtig erscheinenden Entwicklungen zu organischen elektrischen Leitern und Speichern. Diese Anwendungen demonstrieren überzeugend die Vielfalt der Variationsmöglichkeiten, die auf folgenden besonderen Eigenschaften der Polymere beruhen:

- Einstellbarkeit von vollständig unlöslichen Produkten bis zu guter Löslichkeit und umgekehrt in kurzer Zeit in definierten wässerigen oder organischen Medien.

  Darauf beruhen Anwendungen
  - als Bildaufzeichnungsmaterialien
  - in der Mikroelektronik (Verkappung)
  - in der Pharmazie
  - im Korrosionsschutz.

- Gezielte Wechselwirkungen mit organischen und anorganischen Materialien.

  Darauf beruhen Anwendungen
  - als Flockungsmittel
  - zur Verbesserung der Biokompatibilität (Blutgerinnung)
  - als Klebstoffe und Haftvermittler
  - als Trennmittel

- Hohe Temperaturbeständigkeit (873 K) der einen und eine rückstandsfreie Zersetzung in gasförmige Spaltprodukte bereits bei 473 K bei anderen Polymeren.

  Darauf beruhen Anwendungen
  - in der Mikroelektronik
  - als Wärmeschutzmittel

- Gute elektrische und fotoelektrische Eigenschaften können durch spezielle Dotierungen (z. T. erst im Laboratoriumsmaßstab) in Materialien erzeugt werden, die ohne Dotierung Isolator- bzw. Halbleitereigenschaften aufweisen.

  Darauf beruhen Anwendungen
  - in der Elektrofotografie
  - und Perspektiven für Speicherelemente, flexible elektrische Leiter, neue Generationen von Leiterplatten u. ä.

Die Polymere sind so vom „Werkstoff" mehr und mehr zum „Wirkstoff" geworden. Dazu einige Beispiele:

4.1. *Elektrophoretische Lackierungen*

Dabei gibt es sowohl die anaphoretische Lackierung, d. h. anodisch elektrolytisch abscheidbare Polyanionen und kataphoretische Lackierungen, d. h. kathodisch abscheidbare Polykationen, die durch Spaltung der Ionen unlöslich werden, wie Abb. 11 zeigt. Vorteile dieser Lackierverfahren sind

- sehr kleine Mengen organischer Lösungsmittel
- optimale Ausnutzung des Polyelektrolyten
- Automatisierbarkeit des Lackierprozesses
- einheitliche Lackierung auch von komplizierten Werkstücken und von Hohlräumen
- merklich verbesserter Korrosionsschutz.

Zur Zeit laufen die Entwicklungen zur Autophorese und elektrolytischen Pulverbeschichtung mit Wasser als Lösungs- oder Dispersionsmittel.

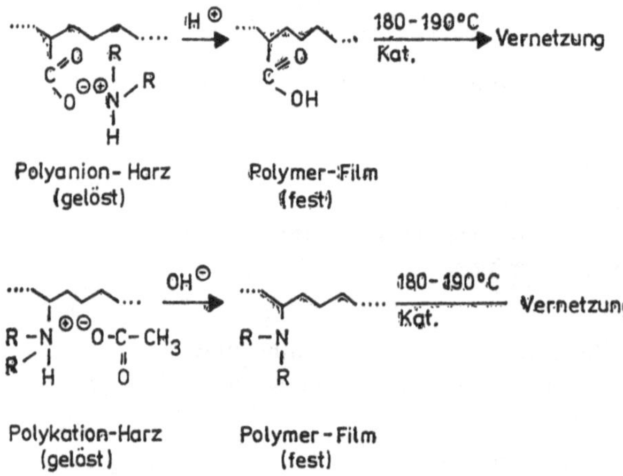

Abb. 11 Filmbildung bei Anaphorese unnd Kataphorese (schematisch)

4.2. *Polymerelektronik*

Gerade dieses Gebiet zeigt den entscheidenden Anteil, den die Physiker an der Nutzbarmachung der den Polymeren innewohnenden Eigenschaften haben.

Heute werden Polymere sowohl wegen ihrer ausgezeichneten Elektroisoliereigenschaften ($\varrho \approx 10^{16-18}\ \Omega\text{m}$), ihrer Polarisationseffekte (als Piezo- und Pyroelektrika), ihrer Eigenschaften als Ladungsspeicher, ihrer fotoelektrischen Eigenschaften sowie ihrer halb- und hochleitenden Eigenschaften untersucht.

Einige der speziellen Eigenschaften der Polymere, ihr Isoliervermögen und feinste Strukturierbarkeit, die in den Bereich molekularer Dimensionen vordringt, haben die technischen Fortschritte der Gegenwart z. B. auf dem Gebiet der Mikroelektronik erst möglich gemacht, und noch sind die speziellen Polymeren innewohnenden Eigenschaften bei weitem nicht ausgelotet, wobei auch immer neue Wege zur Nutzung der UV-Licht-Fotolithographie in den nm-Bereich auf Grund der einfacheren Handhabung gesucht werden. Während z. B. die piezoelektrischen Eigenschaften des Polyvinylidenfluorides und die Fotoleitfähigkeit von Polymeren schon lange bekannt sind und praktisch genutzt werden, stehen die hochleitfähigen Polymere gegenwärtig im Mittelpunkt der wissenschaftlichen Bearbeitungen auf Grund ihres zu erwartenden hohen volkswirtschaftlichen Interesses. Heute überschaubare Anwendungen hat Brehmer[7] einmal zusammengegestellt,

– aber sie sind sicher nicht vollständig und
– es sind so viele, daß ich sie hier nicht aufzählen kann.

Am spektakulärsten waren die in den letzten Jahren sich stürmisch entwickelnden Polymere mit hoher elektrischer Leitfähigkeit. Ihre Anwendung in der Elektrotechnik (z. B. flexible elektrische Leiter geringer Dichte bzw. Leiterbahnen in Leiterplatten), Halbleitertechnik (z. B. Solarzellen) und Elektrochemie (z. B. Batterien mit niedrigem spezifischem Gewicht und hoher Energie- und Leistungsdichte) hat ganze Industriezweige alarmiert. Begonnen hat die Entwicklung mit dem dotierten Polyacetylen (J_2, AsF_5), dessen Gleichstrom-Leitfähigkeit mit der Jodkonzentration und der Temperatur zunimmt, d. h. vom Isolator zum Leiter (Abb. 12) reicht, und wird

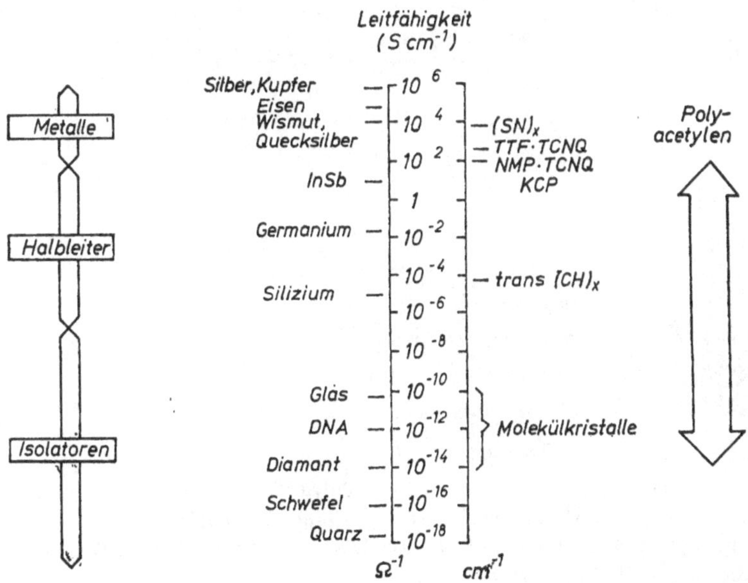

Abb. 12 Vergleich der elektrischen Leitfähigkeiten verschiedener Substanzen

fortgesetzt über die elektrochemisch erzeugten freistehenden Polypyrrolfolien der BASF, deren Stabilität zwar größer als die von Polyacetylen ist[8], aber noch nicht den Anforderungen der Praxis entspricht. Neueste Ergebnisse von E. Fanghänel[9] an polymeren substituierten und modifizierten Tetrathiafulvenen und von H.-H. Hörhold[10] an konjugierten phenylsubstituierten Polyarylvinylen zeigen international neue Wege (Abb. 13). Letztere haben den Vorzug der Formgebung aus der Lösung oder Schmelze und wei-

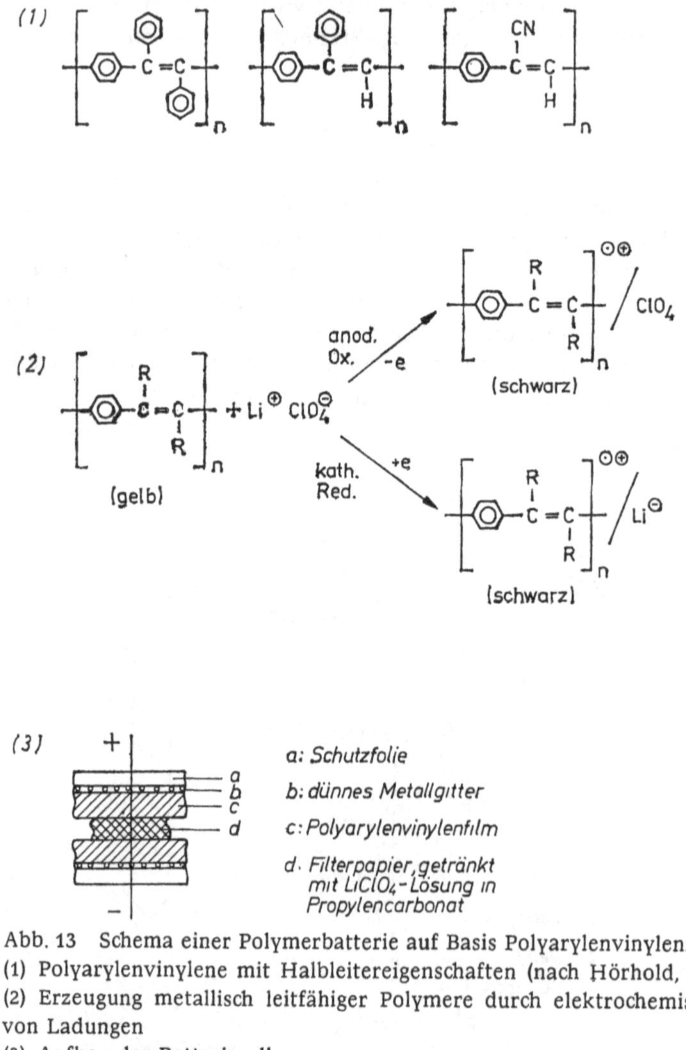

Abb. 13 Schema einer Polymerbatterie auf Basis Polyarylenvinylenfilm
(1) Polyarylenvinylene mit Halbleitereigenschaften (nach Hörhold, 1972)
(2) Erzeugung metallisch leitfähiger Polymere durch elektrochemische Einbringung von Ladungen
(3) Aufbau der Batteriezelle

sen bei einer T_g von $\leq$ 250 °C im undotierten Zustand eine höhere Oxydationsstabilität an Luft und Stickstoff (bis 500 °C) auf als die international bekannten Systeme.

Die durch Dotierung ablaufenden Vorgänge werden als Red-Ox-Reaktionen, d. h. über Elektronenleiter diskutiert. Für derartige Batterieelemente werden Ladungsdichten von 30 000 W/kg bis 300 000 W/kg (Pb-Akku 200 W/kg) ermöglicht, bei Energiedichten von 250 Wh/kg.

Die schon 1964 von Little[11] theoretisch entworfene Struktur eines bei Normaltemperatur supraleitenden Polymeren dient dabei als Zielstruktur.

Die Erwartungshaltungen sind sehr hoch – aber

- wir stehen auf diesem Gebiet international noch am Anfang, die „Strukturen sind gesetzt"
- keine überschnellen Hoffnungen, die Wege der Überführung in die Praxis sind steil.

Aber schon heute – und auch noch morgen – werden von der Industrie für antistatische Ausrüstungen, Hochfrequenzabschirmungen und andere halb- und leitfähige Polymere verlangt, die durch Mischen von Polymeren mit leitfähigen Teilchen und Fasern (auch dotierte C-Fasern) erhalten werder können. Diese Produkte entsprechen zwar nicht den hohen Ansprüchen wie die obigen zukünftigen Zielstellungen mit leitfähigen Polymerstrukturen, sie werden jedoch aus preislichen Gründen auch in der Zukunft ihre Praxisbedeutung behalten. Gegenwärtig sind die Produktionszahlen steigend, die theoretischen Möglichkeiten noch nicht ausgeschöpft, d. h. Forschungsarbeiten notwendig und sinnvoll.

4.3. Molekulare Informationsverarbeitung

Richtungsweisend für die Zukunft ist der Aufbau einer Informationsspeicherung und -verarbeitung auf molekularer Ebene auf der Grundlage leitfähiger Polymerer. In Abb. 14 ist durch den Einbau funktioneller Gruppen in Polyenketten ein sogenanntes „Schalt-Olefin" dargestellt[12]:

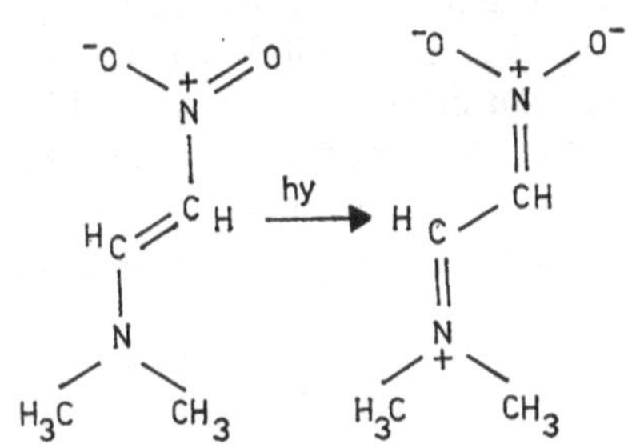

Abb. 14 Schaltolefin als mögliche Datenausleseeinheit bei Informationsspeicherung auf molekularer Ebene

Lichtabsorption verlagert die Doppelbindung zwischen den beiden zentralen Kohlenstoffatomen zu den Stickstoffen hinaus. Licht kann nur absorbiert werden, wenn die Gruppe im Grundzustand ist, d. h. wenn sich zwischen ihren Kohlenstoffen eine Doppel-, nicht aber eine Einfachbindung befindet.

Das Schaltolefin ist daher eine Ausleseeinheit, die es erlaubt, die Lage der Bindungen in der Kette abzufragen. In analoger Weise kann man sich Eingabeeinheiten und logische Kettenverknüpfungen vorstellen, über die man einzelne Kettensegmente miteinander sprechen lassen kann, so daß ein molekularer Computer entsteht. Die Wege dazu sind aufgezeigt. Das sind echte Anforderungen an den „polymerchemischen Baumeister", und es ist, als ob hier begonnen wird, den Polymeren „Leben einzuhauchen".

Bis dahin muß noch viel Forschungsarbeit geleistet werden.

4.4. *Elektrofotografie*

Die Elektrofotografie ist ein weiteres volkswirtschaftlich interessantes Gebiet, bei dem eine Polymerschicht, die im Dunkeln als Isolator wirkt, elektrisch aufgeladen werden kann und bei partieller Belichtung an den belichteten Stellen für den Zeitraum der Belichtung elektrisch leitend wird, seine Ladung verliert, so daß das verbleibende Ladungsprofil zur Bildentwicklung genutzt werden kann. In Abb. 15 ist dieser Vorgang schematisch dargestellt. Dabei werden international sowohl niedermolekulare Fotoleiter in Polymere eingebettet, in der Kette fotoleitfähige Sequenzen eingebaut oder an die „unwirksame" Kette angekoppelte Fotoleiter eingesetzt.

Es handelt sich auch hier um starke Elektronendonatoren, die wie die organischen Metalle durch Dotierung in ihrer Effektivität wesentlich erhöht werden können. Das bekannteste fotoleitende Polymer mit der aktiven Seitenkette ist das Polyvinylcarbazol. Wir haben in der DDR in den letzten zwei Jahren den beiden letzten Modellen zuzuordnende neue polymere Fotoleiter in Kooperation mit der Filmfabrik Orwo Wolfen entwickelt, die in ihrer Empfindlichkeit den besten in der Welt verfügbaren entsprechen. Wir konnten zeigen, daß es dabei auf die Konzentration und den Ordnungsgrad der fotoleitfähigen Gruppierungen ankommt, um hohe Empfindlichkeiten zu erreichen. Für eine Überführung in die Produktion müssen selbstverständlich noch eine Vielzahl weiterer verarbeitungstechnischer, mechanischer und anderer Anforderungen erfüllt werden, die weitere F/E-Arbeiten notwendig machen. Wir schätzen ein, daß auch mit unseren Modellen die möglichen Grenzen noch nicht erreicht sind.

4.5. *Polyelektrolyte*

Als weiteres Beispiel für die Möglichkeiten der veredelnden Wirkung der Polymere möchte ich die Polyelektrolyte herausgreifen. Polyelektrolyte spie-

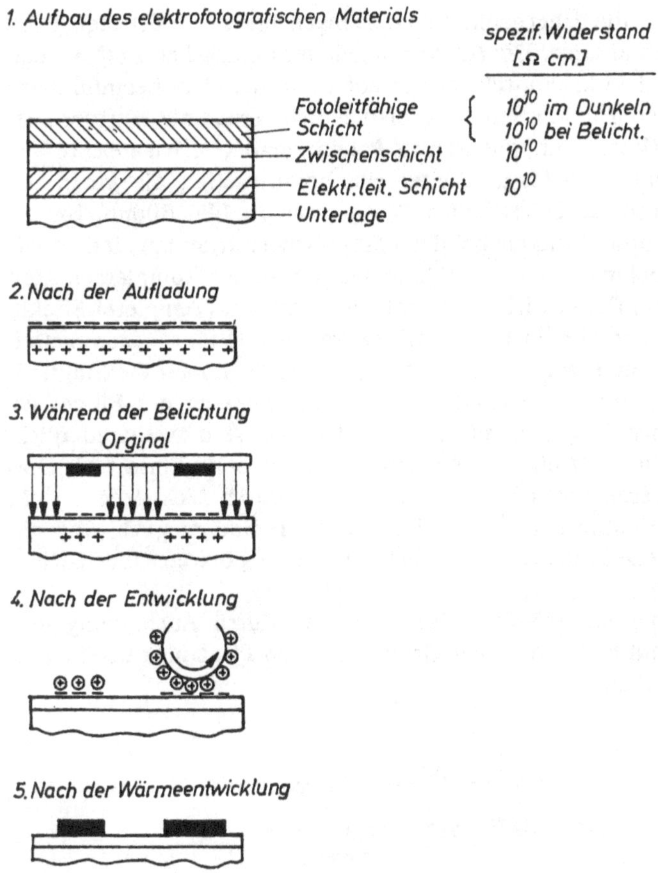

Abb. 15 Elektrofotografisches Aufzeichnungsverfahren

len bereits heute in der Volkswirtschaft eine große Rolle; als Haftvermittler z. B. Papierleime, als Flockungsmittel, Verdickungsmittel, als Komplexbildner mit Metallionen, als Phasentransfer-Katalysatoren, in Kosmetika, in Arzneimitteln als Dragierlacke und für Depotzwecke, in Anstrich- und modernen elektrochemischen Korrosionsschutzverfahren (s. o.), in Membranen bis zu den „Ionomeren", den thermisch reversibel vernetzbaren Polymerwerkstoffen. Polyelektrolyte können durch gezielten Polymeraufbau, Pfropfung oder polymeranaloge Umsetzung hergestellt werden. Über alle diese Arbeiten gibt es eine umfangreiche Literatur.

Eine Spezialität der Polyelektrolyte stellen die „Polyelektrolytkomplexe (PEC)" dar, die sich bei der Umsetzung von Polyanionen und Polykationen bilden und entsprechend der Ionenstärke und -konzentration sowie Konzentrationsverhältnisse alle Übergänge von Lösungen bis zu unlöslichen PEC-Fällungen aufweisen können. Die Anwendungen der unlöslichen PEC werden als Membranen und Mikrokapseln beschrieben, die definiert beeinflußbare Diffusionskoeffizienten aufweisen. PEC eignen sich ferner als Haftvermittler und als Verstärkungskomponenten in Polymermatrices. Ich möchte aus der Vielzahl der denkbaren Möglichkeiten eine herausgreifen, die wir in den vergangenen 2 Jahren bearbeitet haben. Wir nutzten die PEC-Bildung für die Verstärkung der Empfindlichkeit bei der Fotopolymerisation aus, indem wir ein ionisches fotopolymerisierbares Monomer auf seiner komplementären Unterlage einsetzten. Dabei wirken sowohl der „Matrizen-(Templete)-Effekt" (Abb. 16) als auch der bereits bei niedrigen Polymerisationsgraden ausfallende PEC (Abb. 17) um etwa 2 Zehnerpotenzen verstärkend auf die Empfindlichkeit des Fotopolymerisationsmaterials. Die Entwicklung des Filmes erfolgt durch einfaches Abspülen mit Wasser, d. h., es ist umweltfreundlich. Das entstandene Bild zeigt eine Visekularstruktur, die beim Einsatz als Diapositiv keiner weiteren Einfärbung bedarf, wobei durch Lichtstreuung ein Bild mit scharfen Konturen entsteht. Farbgebungen sind möglich, und die hohe dem PEC eigene Haftfestigkeit, auch auf wenig polaren Oberflächen, sind weitere Vorteile.

Ich wollte mit diesem Beispiel zeigen, wie sich durch Ausnutzung und Kombination bekannter theoretischer Grundlagen und Prinzipien neue effektive Lösungen erreichen lassen.

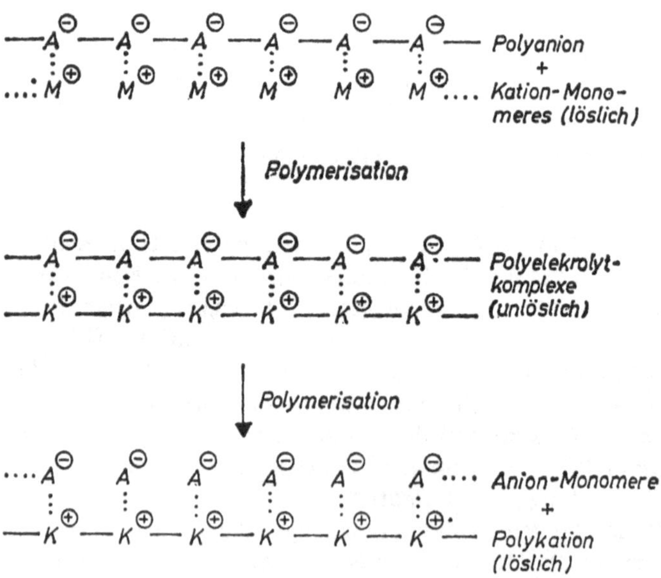

Abb. 16 „Matrizen-(Templete)-Effekt"

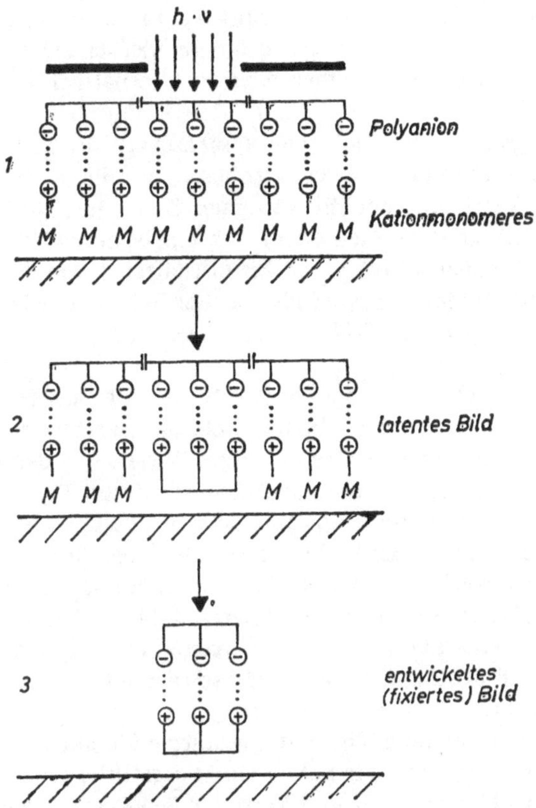

Abb. 17 IAM auf Basis Fototempletepolymerisation und Polyelektrolytkomplexbildung
1 vor der Belichtung
2 nach der Belichtung
3 nach der Ablösung der unbelichteten Anteile

5. Schlußbemerkungen

Ich könnte die Aufzählung von Beispielen noch fortsetzen, aber das ist weder möglich, noch würde es uns weiterbringen. Was ich vermitteln wollte, war die Grundaussage, daß es für alle Forschungsgebiete der Polymerforschung ein „Morgen" gibt und dieses „Morgen" bereits heute formulierbar ist. Das „groß und größer" der 70er Jahre ist zu einem „besser und wertvoller" geworden.

Wir leben in einer sehr entwicklungsträchtigen Zeit. Manchmal entsteht der Eindruck, daß die Entwicklungen auf dem Polymerengebiet in den Schatten der Rohstoffchemie und Biotechnologie geraten seien. Das täuscht, im

Gegenteil: Wir profitieren davon und bieten diesen Entwicklungsrichtungen neue Alternativen und Lösungsmöglichkeiten. Ich erinnere hierbei an die neuen Wege bei der Immobilisierung von Enzymen oder an Alternativen zur Verwertung von Asche u. a.

Zusammenfassend ist zu sagen, der entscheidende wissenschaftliche Fortschritt neben den praxisorientierten Forschungen – insbesondere für die Industrie – ergibt sich aus der Vertiefung der theoretischen Gesetzmäßigkeiten (unter Einbeziehung mathematischer Methoden), die ein besseres Verstehen der Zusammenhänge zwischen Struktur und Eigenschaften sowie des gezielten Strukturaufbaues bzw. der Strukturveränderung der Polymere möglich machen. Dort liegt, so meine ich, der Schlüssel für die zukünftige Forschung.

Die Entwicklung auf dem Gebiet der organischen Polymere ist faszinierend. Schwerpunkte sind dabei die Wege zu hohen Gebrauchswerten, zu „veredelten Produkten". Ein Ende oder eine Grenze dieses Weges, von dem ich nur einiges darstellen konnte, ist nicht absehbar, die möglichen Eigenschaften sind bei weitem nicht ausgeschöpft. Spitzen- oder Schlüsseltechnologien sind einmal durch die Nutzung aller Kenntnisse der vorteilhaften Kombination der verschiedenen Werk- und Wirkstoffe gekennzeichnet. Zum anderen werden diesen Kombinationen angepaßte hochproduktive Technologien zu deren Verarbeitung geschaffen. Die Mikroelektronik, Optoelektronik, die Sensortechnik u. a. sind anschauliche Beispiele solcher integrierenden komplexen Vorgehensweisen.

Einige Worte zum Stand in unserer Republik. Bitte, gestatten Sie mir eine solche Betrachtung aus subjektiver Sicht: Wir haben eine beachtliche Kapazität von 1,2 Mio t/a, das sind 70 kg pro Jahr und Kopf der Bevölkerung an Polymeren. Wir verfügen über ein umfassendes Sortiment, dessen Möglichkeiten zur Zeit noch nicht ausgeschöpft sind.

Die weitere quantitative und vor allem qualitative Entwicklung, aber auch die des Verarbeitungsmaschinenbaus, ist durch Beschlüsse von Partei und Regierung bis 1990 im wesentlichen festgelegt. Auch die Forschungsschwerpunkte sind bis 1990 in einem Staatsauftrag fixiert. Wir denken heute über die Vorhaben und Aufgaben ab 1990 nach. Aber reicht das aus? Ist die notwendige Komplexität mit den Notwendigkeiten der Gesamtvolkswirtschaft gesichert? Ich vermag diese Frage nicht zu beantworten. Die Vorhaben bis 1990 sind sicher richtig und notwendig. Leiten sie sich doch aus unseren bereits erkennbaren Bedürfnissen und aus internationalen Entwicklungen ab. Inwieweit sie den komplexen Anforderungen unserer sich so stürmisch entwickelnden Volkswirtschaft bis 1990 genügen, ist heute schwer vorauszusagen. Die Aufgaben nach 1990 sind noch unscharf, müssen aber sehr bald präzisiert werden.

Wenn ich einmal zurückblicke, so konnten die Polymerwissenschaftler, und noch mehr die Produzenten und Verarbeiter, oft den Anforderungen nicht schnell genug gerecht werden. Es traten Verzögerungen ein oder die Finalprodukte hatten nicht die notwendige Qualität und Reife. Ein Grund waren die unspezifischen Anforderungen seitens der Bedarfsträger. Die Forderung nach einer bestimmten Type eines bestimmten Importproduktes ist heute weitgehend überwunden. Ein weiterer Grund ist die zu späte Einbeziehung der Polymerwissenschaftler in neue Entwicklungen, die ungenügend komplexe Denk- und Herangehensweise. Hierzu gibt es Beispiele aus einigen von mir bereits zitierten Entwicklungsrichtungen. Eine neue Generation der Mikroelektronik, der Mikromechanik, der Lichtleittechnik, der Motorenentwicklung, des Maschinen- und allgemeinen Fahrzeugbaues, des Schiffbaues usw. wird neue Anforderungen an die Isolier-, Verkappungs- und Dichtungsmaterialien, an Konstruktionselemente usw. stellen.

Entwickler und Konstrukteure tun gut daran, zuerst einmal von den gegenwärtigen Produktionsmöglichkeiten oder laufenden Entwicklungsrichtungen auszugehen, und erst wenn diese die Anforderungen nicht erfüllen können, neue Entwicklungsforderungen zu stellen.

Aus diesen Gründen sollten wir uns folgende Fragen stellen, die nach meiner Ansicht das Problem sichtbar machen:

1. Können die Entwickler und Konstrukteure in den betreffenden Industriezweigen polymergerecht denken und konstruieren? Gibt es ausreichend Polymerkundige? Für das Gebiet der metallischen Werkstoffe ist das mit den Metallurgen gegeben!
2. Wie werden diese Spezialisten, die die Anforderungen ihres Industriezweiges in einen polymeren Werkstoff transformieren können, über die laufenden Entwicklungen und zukünftigen Produktionen informiert bzw. in diese einbezogen?
3. Werden neue Entwicklungen – bleiben wir hier und heute bei der Physik – auch bereits „in statu nascendi" mit Polymerwissenschaftlern diskutiert oder besser gemeinsam angegangen? Lassen Sie mich diese Fragestellung mit einem Beispiel verdeutlichen: Ein Lichtleitkabel ist in seiner „Seele" eine Entwicklung des Physikers, Glaswerkstoffkundlers und Technikers. Als ganzes betrachtet – und nur das führt zum Funktionselement – ist es mit seinen 4–6 Polymermänteln und -häuten mehr ein Plast-, denn ein Glas- oder Quarzkabel. Aber nicht um die Priorität geht es mir – der Komplexität spreche ich das Wort.

Darüber sollten wir gemeinsam nachdenken und im Interesse unserer wissenschaftlichen und industriellen Entwicklung Schlußfolgerungen ziehen.

Literatur

1 D. W. van Krevelen, Kautsch. u. Gummi. Kunstst. **37** (1984) 4, 295–302.

2 Verschiedene Autoren: Kunstst. **73** (1983) 9, 462–496.

3 W. Pompe, Dissertation B, Dresden 1974.

4 W. Pfefferkorn, Tagung „Verstärkte Plaste", Preprint D 1–1, Berlin 1984.
5 B. Lauke, B. Schultrich, Composites Science and Technology **23** (1985) 21.
6 R. Keuerleber, Kunstst. **73** (1983) 9, 509–510.
7 L. Brehmer, Acta Polymerica **34** (1983) 5, 278–285.
8 H. Münzstedt, Plastverarbeiter **34** (1983) 5, 833–834.
9 E. Fanghänel, Vortrag vor Kl. Chemie der AdW der DDR am 23. 2. 1984.
10 H.-H. Hörhold, Z. f. Chem. **12** (1972) 2, 41–52.
11 W. A. Little, Phys. Rev. A **134** (1964) 1416.
12 S. Roth, K. Menke, Kunstst. **73** (1983) 9, 520–523.

ISBN 3-05-500 009-9
ISSN 0138-3965

MIX
Papier | Fördert gute Waldnutzung
FSC® C083411

Zeitfracht Medien GmbH
Ferdinand-Jühlke-Straße 7
99095 Erfurt, Deutschland
produktsicherheit@kolibri360.de